U0215546

紫竹院公园
常见植物

北京市紫竹院公园管理处 ☑ 编

中国林业出版社

图书在版编目（CIP）数据

紫竹院公园常见植物 / 北京市紫竹院公园管理处编. -- 北京：中国林业出
版社, 2016.11
ISBN 978-7-5038-8776-5

Ⅰ. ①紫… Ⅱ. ①北… Ⅲ. ①紫竹院公园－植物－普及读物 Ⅳ.
①Q948.521-49

中国版本图书馆CIP数据核字(2016)第269767号

中国林业出版社·生态保护出版中心

责任编辑　李敏　　贺娜

出　　版　中国林业出版社（100009 北京市西城区德胜门内大街刘海胡同 7 号）
　　　　　网址：www.lycb.forestry.gov.cn　　电话：(010) 83143575
发　　行　中国林业出版社
印　　刷　北京卡乐富印刷有限公司
版　　次　2017 年 1 月第 1 版
印　　次　2017 年 1 月第 1 次
开　　本　880mm×1230mm　1/32
印　　张　6.5
字　　数　187 千字
定　　价　59.00 元

编写人员

主　　编　范卓敏
副 主 编　舒志钢　李　敏　吴西蒙
参加人员（以姓氏笔画为序）
　　　　　李　敏　吴西蒙　宋　宇
　　　　　赵　钰　范卓敏　范　蕊
　　　　　姜　媛　郭亚清　舒志钢

前 言

f o r e w o r d

　　紫竹院公园位于北京市海淀区白石桥附近，即北京首都体育馆西侧。公园始建于 1953 年，因园内西北部有明清时期庙宇"福荫紫竹院"而得名。全园占地 45.73hm²，其中水面约占三分之一。南长河、双紫渠穿园而过，形成三湖两岛一堤的基本格局。它是一座幽篁百品、翠竿累万、以竹造景、以竹取胜的自然式山水园。自 2006 年 7 月 1 日起，紫竹院公园向游客免费。

　　"福荫紫竹院"位于紫竹院公园西北侧，原是一座明代皇家所建庙宇，距今已有 400 多年的历史。据史料记载，紫竹院作为广源闸周边建筑群落，历史可以追溯到元代，为明清时期帝后乘船游西山、拈香小憩、转闸换船之所，院落东北侧至今仍保存有青石古码头一处。明万历五年（1577 年）进行扩建成为万寿寺下院。乾隆十六年（1751 年）在紫竹院开挖湖，修建码头、船坞、行宫。光绪十一年（1885 年）重修，更名为"福荫紫竹院"。2014 年，经过修缮后的福荫紫竹院正式向游客开放。

　　紫竹院公园突出以植物造景为主，是以竹为特色的公园。园中植物达 300 余种，其中竹子达百余种。公园中部青莲岛上有"八宜轩""竹韵景石"；明月岛上有"问月楼""箫声醉月"；西部有"福荫紫竹院""跨海东征""紫竹垂钓"；南部有"澄碧山房"及儿童乐园；长河北部是独具江南园林特色的"筠石苑"，淡雅、清秀、幽静而别致，有"清凉罳秀""江南竹韵""竹深荷静""友贤山馆""绿云轩""斑竹麓"诸景。

　　为使游客能在赏景中认识公园中的植物种类,本书收集了公园中主要植物(或特有植物)共 183 种;其中木本植物 104 种,草本植物 48 种,竹类植物 31 种。在内容上,分别对每种植物的植株、根、茎、叶、花、果实等的形态特征做了简要介绍,按照其拉丁文字母顺序编排。对植物种的描述参考《北京植物志》和《中国竹类图志》,以在紫竹院公园生长的特征为依据,尤其是对紫竹院公园引种的竹种,经过几十年对生长竹子的观察,总结出这些竹种的特点。书中的植物所有图片均为紫竹院公园内实地植物拍照。为便于读者在紫竹院公园查找识别,对重要植物标注于公园植物分布图中。文后还附有植物的中文名索引和拉丁名索引。

　　在本书的编写过程中,得到了民间环保组织自然之友成员舒志钢的热情指导与帮助。同时也得到了周又红、许联瑛、卢雁平等专家的指导。另外,北京市紫竹院公园园林科技科及相关科室的同仁付出了艰辛。在此对大家的帮助与指导一并表示感谢!

　　本书既是供广大游客更好地了解、认识公园现有植物的科普读物,又是引导广大游客观赏它们的导游手册,也是我们近年工作的成果小结。

　　由于我们是初次尝试以这种综合性的视觉形式来展现公园植物的现状及工作成果,经验欠缺,疏漏和错误在所难免,对书中存在的问题和不足之处,望领导和各方同仁、朋友批评指正,以便于我们及时修订。

编著者

2016 年 10 月

目 录

C O N T E N T S

紫竹院公园植物分布图

设计院

石苑

北小湖

南小湖

小东门

东门

南门

① 白皮松	⑳ 加杨	㊴ 杏梅
② 侧柏	㉑ 金叶复叶槭	㊵ 悬铃木
③ 华山松	㉒ 金丝垂柳	㊶ 雪柳
④ 桧柏	㉓ 糠椴	㊷ 银杏
⑤ 雪松	㉔ 流苏树	㊸ 山樱花
⑥ 油松	㉕ 龙爪槐	㊹ 榆树
⑦ 白桦	㉖ 栾树	㊺ 元宝枫
⑧ 白蜡	㉗ 美国海棠	㊻ 柘树
⑨ 玉兰	㉘ 美人梅	㊼ 紫叶李
⑩ 碧桃	㉙ 蒙椴	㊽ 紫玉兰
⑪ 臭椿	㉚ 朴树	㊾ 钻天杨
⑫ 刺槐	㉛ 七叶树	
⑬ 车梁木	㉜ 山楂	
⑭ 杜梨	㉝ 山桃	
⑮ 杜仲	㉞ 柿	
⑯ 鹅掌楸	㉟ 水杉	
⑰ 枫杨	㊱ 丝绵木	
⑱ 槐	㊲ 梧桐	
⑲ 蝴蝶槐	㊳ 西府海棠	

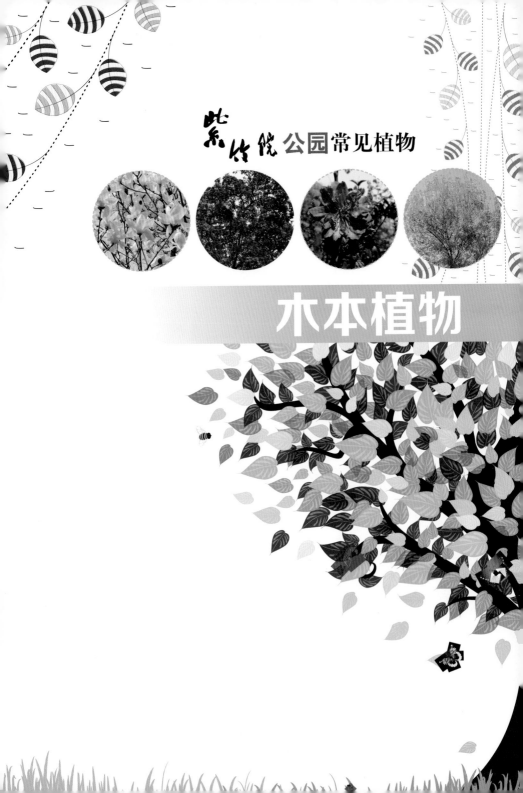

紫竹院公园常见植物

木本植物

糯米条 *Abelia chinensis*

🌱 忍冬科六道木属　　🍃 落叶灌木

❄ 花期7~9月　　🌰 果期10月

高达 2m。小枝开展，有毛，幼枝及叶柄带红色。叶卵形或三角状卵形。花冠漏斗状，白色或带粉红色，芳香。

金叶复叶槭 *Acer negundo* 'Auea'

- 槭树科槭属
- 落叶乔木
- 花期4~5月
- 果期6~7月

北美复叶槭的栽培变种，从北美引进。高达 20m。树皮黄褐色或灰褐色。金叶复叶槭可耐 −45 ~ −40℃ 低温。春季叶片金黄色；夏季渐变为黄绿色，叶背平滑，夏季不焦边，是优良的园林彩叶点缀树种。

元宝枫 *Acer truncatum*

- 槭树科槭属
- 落叶乔木
- 花期4~5月
- 果期9~10月

也称平基槭。高达 10m。树皮灰褐色或深褐色，深纵裂。一年生小枝绿色，小枝无毛。叶对生，掌状 5 深裂，有时中裂片或中部 3 裂片又 3 裂。花黄绿色，成顶生聚伞花序。小坚果，果翅与果近等长，张开成锐角或钝角，形似元宝。

七叶树 *Aesculus chinensis*

- 七叶树科七叶树属
- 落叶乔木
- 花期5~6月
- 果期9~10月

也称梭椤树。高达 25m。小枝粗壮，无毛。掌状复叶，小叶通常 7，倒卵状长椭圆形。花瓣 4，白色；顶生圆柱状圆锥花序。蒴果球形，无刺，也无突出尖头。

臭椿 *Ailanthus altissima*

- 苦木科臭椿属
- 落叶乔木
- 花期6~7月
- 果期9~10月

高达30m。树皮不裂，小枝粗壮。奇数羽状复叶互生，卵状披针形，齿端有臭腺点。花小，顶生圆锥花序。翅果长椭圆形，种子位于中部。

碧桃 *Amygdalus persica* var. *persica* f. *duplex*

- 蔷薇科李属
- 落叶乔木
- 花期4~5月
- 果期6~8月

　　也称千叶桃花。高3~8m。树冠宽广而平展。树皮暗红褐色，老时粗糙呈鳞片状。花朵丰腴，花型多。常见的品种有红花绿叶碧桃、红花红叶碧桃、白红双色洒金碧桃等多个变种。

大叶小檗 *Berberis ferdinandi-coburgii*

🌱 小檗科小檗属　🌿 常绿灌木

❄🌸 花果期6~10月

高可达2m。老枝具棱槽。叶革质，椭圆状倒披针形。花簇生；花梗细弱，无毛；花黄色；小苞片红色，花瓣狭倒卵形。浆果黑色，椭圆形或卵形。

紫叶小檗 *Berberis thunbergii* var. *atropurpurea*

小檗科小檗属　　落叶灌木

花期4月　　果期9～10月

高达2.5m。幼枝紫红色，老枝灰褐色或紫褐色，有槽，具刺。叶深紫色或红色，菱形或倒卵形，在短枝上簇生。花黄色，下垂，花瓣边缘有红色纹晕。浆果红色，宿存。

白桦 *Betula platyphylla*

- 桦木科桦木属
- 落叶乔木
- 花期4~5月
- 果期6~9月

高达 20m。树皮灰白色，成层剥裂。小枝暗灰色，无毛。叶菱状三角形，边缘有不规则重锯齿。果序单生，下垂，圆柱形。

小叶黄杨 *Buxus sinica* var. *parvifolia*

- 🌿 黄杨科黄杨属
- 🍃 常绿灌木
- ❋ 花期4月
- 🔰 果期6~7月

高达1m。小枝方形，通常无毛。叶小，对生，革质，椭圆形或倒卵形。花多簇生于枝端，花淡黄绿色，无花瓣，有香气。

雪松 *Cedrus deodara*

- 🌲 松科雪松属　🍁 常绿乔木
- ❄ 花期10~11月　🌸 球果翌年10月成熟

高达30m。树冠塔形，枝平展，微下垂。一年生小枝淡灰黄色，密生短绒毛，有白粉。叶针形，坚硬。雌雄同株，球花生于短枝顶端，直立。

朴树 *Celtis sinensis*

🌿 榆科朴属　　🕊 落叶乔木

❄ 花期4月　　🌾 果期9～10月

高达20m。小枝幼时有毛。叶卵形或卵状椭圆形。果黄色或橙红色，单生或2（3）个并生，果柄与叶柄近等长。

粗榧 *Cephalotaxus sinensis*

- 粗榧科粗榧属
- 落叶灌木或小乔木
- 花期4月
- 果期6～10月

高达 5m。树皮灰色或灰褐色，裂成薄片状脱落。叶扁线形，长 2 ～ 5cm，先端突尖，基部圆形，排列成两列，背面有 2 条白粉带。种子 10 ～ 11 月成熟。

紫荆 *Cercis chinensis*

- 豆科紫荆属
- 落叶灌木或小乔木
- 花期4月
- 果期8~9月

高达4m。树皮暗灰色。小枝有皮孔。叶近圆形。花先于叶开放，5~10朵簇生于老枝及茎干上，紫红色，假蝶形。荚果线形，沿腹缝线有窄翅。

皱皮木瓜 *Chaenomeles speciosa*

- 🌿 蔷薇科木瓜属
- 🌱 落叶灌木
- ❄ 花期3～4月
- ⛰ 果期9～10月

也称贴梗海棠。高达2m。枝条常具刺。小枝紫褐色或黑褐色，无毛。叶长卵形至椭圆形。花先叶开放，3～5朵簇生于二年生枝上，朱红、粉红或白色。梨果卵形，黄色，有香气。

蜡梅 *Chimonanthus praecox*

- 蜡梅科蜡梅属
- 落叶灌木
- 花期12月至翌年2月
- 果期5～10月

高达4m。单叶对生，叶椭圆状卵形至卵状披针形，全缘，半革质而较粗糙。花先叶开放，芳香；花被多片，蜡黄色，内部的有紫色条纹。

流苏树 *Chionanthus retusus*

木犀科流苏树属　　落叶乔木

花期6~7月　　果期9~10月

　　高达 20m。树干灰色，大枝树皮常纸状剥裂。单叶对生，卵形至倒卵状椭圆形。花单性异株，白色，花冠 4 裂片狭长，成宽圆锥花序。核果椭球形，蓝黑色。

海州常山 *Clerodendrum trichotomum*

- 🍃 马鞭草科大青属
- 🌿 落叶灌木或小乔木
- ❋ 花期7~8月
- 🌰 果期9~11月

高达 6m。老枝灰白色，具皮孔，髓白色，具淡黄色薄片状横隔。单叶对生，有臭味。伞房状聚伞花序，顶生或腋生。花香，花冠白色或带粉红色。核果近球形，成熟时外果皮蓝紫色。

山茱萸 *Cornus officinalis*

- 🌲 山茱萸科山茱萸属
- 🍂 落叶乔木或灌木
- 🌸 花期3～4月
- 🔺 果期9～10月

树皮灰褐色。小枝细圆柱形，无毛。叶对生。伞形花序生于枝侧，花小，两性，先叶开放，黄色。核果长椭圆形，红色至紫红色。

毛梾 *Cornus walteri*

- 山茱萸科梾木属
- 落叶乔木
- 花期5月
- 果期9月

　　也称车梁木。高达25m。幼枝有灰白色平伏毛。叶对生，椭圆形至长椭圆形。花白色，有香气，聚伞花序伞房状。核果黑色。

平枝栒子 *Cotoneaster horizontalis*

🌿 蔷薇科栒子属　🌱 半常绿匍匐灌木

❄ 花期5~6月　🍂 果期9~10月

冠幅达2m。枝水平张开，小枝在大枝上成二列状，小枝黑褐色，宛如蜈蚣。叶近圆形或倒卵形，表面暗绿色。花1~3朵，粉红色。果近球形，鲜红色。

水枸子 *Cotoneaster multiflorus*

- 蔷薇科枸子属
- 落叶灌木
- 花期5月
- 果期9月

高达 5m。小枝红褐色或棕褐色。花白色，花瓣开展，近圆形。叶片卵形。梨果近球形或倒卵形，鲜红色。

山楂 *Crataegus pinnatifida*

- 蔷薇科山楂属
- 落叶小乔木
- 花期5~6月
- 果期9~10月

　　高达 6m。有枝刺，稀有无刺者。小枝紫褐色，老枝灰褐色。单叶互生，卵形，边缘有稀疏不规则的重锯齿。伞房花序，多花，花白色。果近球形，深红色，有浅色斑点。

柘树  *Cudrania tricuspidata*

🌳 桑科柘属　　🌿 落叶小乔木或灌木
❄ 花期5~6月　　🔥 果期9~10月

　　高达 15m。树皮灰褐色。枝光滑，常具硬刺。叶卵形、椭圆形或倒卵形。雌雄花序均为头状，具短梗，单一或成对腋生。聚花果球形，红色，肉质。

大花溲疏 *Deutzia grandiflora*

- 虎耳草科溲疏属
- 落叶灌木
- 花期4~5月
- 果期6月

高达1.5m。小枝灰褐色，光滑；老枝灰色，皮不剥落。叶对生，具短柄；叶片卵形，边缘有密而细的小锯齿。聚伞花序，具1~3朵花，花较大，花瓣5，白色。蒴果半球形，具宿存花柱。

柿 *Diospyros kaki*

- 🌲 柿科柿属
- 🍃 落叶乔木
- ❀ 花期5～6月
- 🏔 果期9～10月

高达 20m。树皮黑灰色，方块状开裂。枝粗壮，具褐色或黄褐色毛，后脱落。单叶互生，椭圆状倒卵形，全缘，革质。浆果扁球形，大，熟时呈橙黄色或橘红色。

杜仲 *Eucommia ulmoides*

- 杜仲科杜仲属
- 落叶乔木
- 花期4～5月
- 果期9～10月

高达10m。树皮灰色，折断后有银白色橡胶丝。小枝无毛，淡褐色至黄褐色。单叶，互生，卵状椭圆形或长圆状卵形。花常先叶开放，生于小枝基部。果为具翅小坚果，扁平。

密冠卫矛 *Euonymus alatus* 'Compactus'

- 卫矛科卫矛属
- 落叶小灌木
- 花期5~6月
- 果期9~10月

高1～2m。树分枝多，树枝幼时绿色、无毛。树冠顶端较平整。叶椭圆形，单叶对生，春天为绿色。

扶芳藤 *Euonymus fortunei*

- 🌲 卫矛科卫矛属
- 🌿 常绿匍匐或攀缘灌木
- ❄ 花期6～7月
- 🔺 果期9～10月

枝上通常有多数细根。小枝绿色，有细密瘤状皮孔。叶薄革质，长卵形至椭圆状倒卵形。聚伞花序，花序多而紧密成团，花绿白色。蒴果近球形，粉红色。

冬青卫矛 *Euonymus japonicus*

- 🌳 卫矛科卫矛属
- 🌿 常绿灌木
- ❄ 花期6～7月
- ⛰ 果期9～10月

也称大叶黄杨。高达 8m。小枝绿色，稍呈四棱形。叶对生，倒卵形或狭椭圆形。聚伞花序，绿白色。蒴果近球形，淡红色。

丝绵木 *Euonymus maackii*

🌳 卫矛科卫矛属　　🌱 落叶小乔木

❀ 花期5月　　🔺 果期8～10月

　　也称白杜、明开夜合。高达8m。树皮灰褐色；小枝灰绿色，圆柱形。叶对生，卵圆形、椭圆状圆形或椭圆状披针形。聚伞花序，花淡绿色，4数。蒴果淡黄色或粉红色。种子淡黄色或粉红色，假种皮橙红色。

梧桐 *Firmiana simplex*

- 🌳 梧桐科梧桐属
- 🍃 落叶乔木
- ❄ 花期6~7月
- 🌰 果期9~10月

　　也称青桐。高达20m。树皮绿色，光滑。叶互生，掌状3~5裂，基部心形，裂片全缘。花单性同株，无花瓣，萼片5，淡黄绿色；成顶生圆锥花序。种子球形。

雪柳 *Fontanesia fortunei*

🌳 木犀科雪柳属　　🌱 落叶灌木

❄ 花期5~6月　　🍂 果期8~9月

高达 5m。枝直立，光滑，幼枝四棱。单叶对生，披针形，全缘。花白绿色，有香味，成腋生总状或顶生圆锥花序。小坚果卵圆形，具翅，扁平。

连翘 *Forsythia suspensa*

- 木犀科连翘属
- 落叶灌木
- 花期3~4月
- 果期8~9月

高达 3m。枝直立或下垂，稍开展，小枝褐色，略呈四棱形，节间中空。叶单叶或 3 小叶，卵形或卵状椭圆形。花单生或簇生，亮黄色。

白蜡树 *Fraxinus chinensis*

- 🌳 木犀科梣属
- 🍃 落叶乔木
- ❄️ 花期4月
- ⛰️ 果期9月

高达15m。小枝光滑。冬芽黑褐色，被绒毛。小叶通常7，卵状长椭圆形。花单性异株，无花瓣；圆锥花序顶生或侧生于当年生枝上。翅果，倒披针形。

银杏 *Ginkgo biloba*

- 🌳 银杏科银杏属
- 🍃 落叶乔木
- ❀ 花期4～5月
- 🍂 果期9～10月

也称白果。高达40m。树皮灰色，无树脂。叶折扇形，先端常2裂。雌雄异株。种子核果状，具肉质外果皮。种子9～10月成熟。

木槿 *Hibiscus syriacus*

🌼 锦葵科木槿属　🕊 落叶灌木或小乔木
❀ 花期7～9月　🍂 果期10～11月

　　高达 6m。叶菱状卵形，通常 3 裂，边缘有钝锯齿。花单生于枝端叶腋间，通常有红、紫各色，少有白色及重瓣。蒴果长圆形，具毛。

迎春花 *Jasminum nudiflorum*

- 🌿 木犀科茉莉属
- 🍃 落叶灌木
- ✳ 花期2~4月

高达 3m。枝条细长拱形，绿色，四棱。小叶 3，卵形至长椭圆状卵形。花黄色，单生，通常 6 裂。一般不结果。

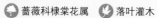

棣棠花 *Kerria japonica*

蔷薇科棣棠花属　落叶灌木

花期4~5月　果期7~8月

高达1.5m。小枝绿色，有棱，无毛。单叶互生，卵状椭圆形。花单生于侧枝顶端，花瓣5，黄色，宽椭圆形。瘦果黑色，萼片宿存。

栾树 *Koelreuteria paniculata*

🌳 无患子科栾树属　🌱 落叶乔木

❄ 花期6~8月　🍂 果期8~10月

　　高达25m。树皮厚，灰褐色至灰黑色，老时纵裂。花金黄色，花瓣4，不整齐，开花时向外反折，线状长圆形。蒴果三角状卵形，果皮膜质膨大。

猬实 *Kolkwitzia amabilis*

- 忍冬科猬实属
- 落叶灌木
- 花期5~6月
- 果期8~9月

　　高达3m。幼枝被柔毛，老枝的皮呈条状剥落。叶为卵状椭圆形。花冠钟状，5裂，喉部黄色，花色有粉红、桃红、浅紫等色。瘦果状核果，外密被刚硬刺毛，形似刺猬，故名猬实。

 紫薇 *Lagerstroemia indica*

- 千屈菜科紫薇属
- 落叶灌木或小乔木
- 花期7～9月
- 果期10～11月

也称百日红、满堂红、痒痒树。高达6m。树皮薄片剥落后特别光滑。枝条光滑，小枝幼时显著四棱形。花亮粉色至紫红色，花瓣6，三角形，成顶生圆锥花序。蒴果近球形，幼时绿色至黄色，成熟或干燥时呈紫黑色。

鹅掌楸 *Liriodendron chinense*

木兰科鹅掌楸属　　落叶乔木

花期4~5月　　果期10月

也称马褂木。高达40m。干皮灰白光滑。单叶互生，有长柄，叶端常截形，两侧各具一凹裂，全形如马褂。花黄绿色，杯状。

郁香忍冬 *Lonicera fragrantissima*

- 忍冬科忍冬属　半常绿灌木
- 花期3~4月　果期5~6月

　　高达 3m。枝具白髓，幼枝无毛或被疏刺刚毛。叶卵状椭圆形至卵状披针形。花先于叶或与叶同时开放，白色或粉红色，芳香。浆果球形，红色。

金银忍冬 *Lonicera maackii*

- 忍冬科忍冬属
- 落叶灌木或小乔木
- 花期4～6月
- 果期8～10月

也称金银木。高达 6m。小枝髓黑褐色，后变中空。叶纸质，通常卵状椭圆形至卵状披针形。花芳香，花冠白色后变黄色。浆果圆形，暗红色。

 **枸杞** *Lycium chinense*

- 茄科枸杞属
- 落叶灌木
- 花期5~9月
- 果期8~11月

也称狗奶子。高 50 ~ 120cm。茎细弱，常弓垂，具刺。叶互生或簇生于短枝上，叶卵形、卵状菱形或卵状披针形。花冠漏斗状淡紫色。浆果，红色。

玉兰 *Magnolia denudata*

- 木兰科木兰属
- 落叶乔木
- 花期4月
- 果期8~9月

　　也称白玉兰。高达15m。幼枝及芽具柔毛。叶倒卵状椭圆形。花大，花萼、花瓣相似，共9片，纯白色，厚而有肉质，有香气。

紫玉兰 *Magnolia liliflora*

- 🌳 木兰科木兰属
- 🕊 落叶小乔木
- ❀ 花期4月中旬
- 🌰 果期5~7月

　　也称木兰。高达6m。小枝紫褐色。叶椭圆形或倒卵状椭圆形，全缘；托叶膜质，脱落后小枝上留一环状托叶痕。花单生于枝顶，先叶开放或与叶同时开放；花大，花瓣6片，外面紫色，里面近白色。

西府海棠 *Malus micromalus*

🌿 蔷薇科苹果属　🌱 落叶小乔木

❀ 花期4~5月　🍎 果期8~9月

高达 5m。小枝嫩时被短柔毛，老时脱落，紫红色或暗紫色。叶长椭圆形或椭圆形。伞形总状花序，花较大，粉红色。果近球形，红色。

美国海棠 *Malus micromalus* 'American'

- 蔷薇科苹果属
- 落叶小乔木
- 开花早在4月
- 果期8~9月

高达5m。叶片长椭圆形或椭圆形，新叶绿色，在6月慢慢呈五颜六色，渐转紫红色。花序分伞状或着伞房花序的总状花序，多有香气。肉质梨果，果有绿色、紫红色、桃红色等。

水杉 *Metasequoia glyptostroboides*

- 杉科水杉属
- 落叶乔木
- 花期2~3月
- 果期11月

　　高达35m。树皮灰色或灰褐色，内皮淡紫褐色。大枝不规则轮生，小枝对生。叶扁线形，柔软，淡绿色，对生，呈羽状排列。果近球形，当年成熟，下垂。

南天竹 *Nandina domestica*

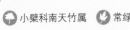

🌳 小檗科南天竹属　　🌿 常绿小灌木

❋ 花期5～7月　　🔔 果期9～10月

高达 2m。丛生而少分枝。小叶椭圆状披针形，全缘，两面无毛，冬天变红色。花小，白色。浆果球形，鲜红色。

牡丹 *Paeonia suffruticosa*

🌿 毛茛科芍药属　🌱 落叶灌木

✿ 花期4月下旬至5月上旬　🔔 果期9月

高达 2m。叶二回三出复叶，小叶卵形。花单生枝顶，花大，单瓣或重瓣，有玫瑰色、红紫色、粉红色至白色。聚合果，密生黄褐色毛。

太平花 *Philadelphus pekinensis*

- 虎耳草科山梅花属
- 落叶灌木
- 花期4～6月
- 果期8～10月

高达3m。树皮易剥落。幼枝无毛，常带紫色。叶对生，卵形。花白色，微具香味，5～9朵成总状花序。蒴果倒圆锥形。

华山松 *Pinus armandii*

- 🌲 松科松属
- 🍃 常绿乔木
- ❄️ 花期4~5月
- 🌰 果期翌年9~10月

一年生小枝绿色或灰绿色，无毛。树皮及枝皮灰色或灰褐色。针叶5针1束。果圆锥状卵球形。种子倒卵形，无翅，有棱。

白皮松 *Pinus bungeana*

- 松科松属
- 常绿乔木
- 花期5月
- 果期翌年10月

　　高达30m。幼树树皮灰绿色，老时灰褐色，成鳞状块片脱落后显出乳白色花斑。针叶3针1束。果卵球形或圆锥状卵球形。种子倒卵形。

油松 *Pinus tabulaeformis*

松科松属　常绿乔木
花期4~5月　果期翌年9~10月

　　高达25m。干皮深灰褐色或褐灰色，鳞片状裂，老年树冠常呈伞形。针叶2针1束，较粗硬。果卵球形，可在树上宿存数年不落。

悬铃木 *Platanus acerifolia*

- 悬铃木科悬铃木属
- 落叶乔木
- 花期4~5月
- 果期9~10月

也称二球悬铃木。高达20m。树皮灰绿色，不规则片状剥落，剥落后呈绿白色，光滑。叶片三角状，3~5掌状分裂，边缘有不规则尖齿。花小，单性同株。球形果序，通常2个，常下垂。

侧柏 *Platycladus orientalis*

柏科侧柏属　常绿乔木

花期4～5月　果期10月

高逾 20m。树皮浅灰色，条裂成薄片。叶全为鳞片状。雌雄同株，球花生于枝顶。果卵球形，当年成熟，熟时开裂。

枳 *Poncirus trifoliata*

芸香科枳属　落叶小乔木

花期4~6月　果期8~11月

也称枸橘。高可达5m。枝绿色，略扭扁，有枝刺。三出复叶互生，总叶柄有翅，小叶无柄，叶缘有波状浅齿。花白色，单生，芳香，花梗短，先叶开放。果球形，黄绿色，密生柔毛，有香气。

加杨 *Populus canadensis*

- 杨柳科杨属
- 落叶乔木
- 花期4月
- 果期5~6月

高达30m。树枝开展或微上升。树皮灰褐色，老时具沟裂。小枝有棱。叶近等边三角形，先端渐尖，基部截形，锯齿圆钝；叶柄扁平。蒴果。

钻天杨 *Populus nigra var. italica*

- 杨柳科杨属
- 落叶乔木
- 花期4月
- 果期5月

高达30m。树干笔直，树冠狭塔形。树皮黑褐色，老时具纵沟。侧枝直伸而贴近树干。短枝上的叶菱状卵圆形或三角状卵圆形，先端尖，边缘具锯齿；萌发枝上的叶为宽三角形，先端渐尖。蒴果，2瓣裂。

毛白杨 *Populus tomentosa*

🌲 杨柳科杨属　　🕊 落叶乔木

❋ 花期3~4月　　🌿 果期4~5月

　　高达30m。树干直而明显。树皮青白色，皮孔菱形。幼枝具灰白色毛。叶三角状卵形，叶缘具波状齿，背面密被灰白色毛，后渐脱落。蒴果长卵形。

紫叶李 *Prunus cerasifera*

- 蔷薇科李属
- 落叶小乔木
- 花期4~5月
- 果期8月

高达6m。小枝光滑。叶卵形或卵状椭圆形，边缘具细钝圆锯齿，紫红色。花常单生，淡粉红色，先叶开放或与叶同时开放。核果近球形，暗红色。

山桃 *Prunus davidiana*

- 🌳 蔷薇科李属
- 🕊 落叶小乔木
- ❋ 花期3~4月
- 🌰 果期7~8月

高达10m。树皮暗紫色，光滑有光泽。叶长卵状披针形，中下部最宽。花淡粉红色，萼片外无毛；先叶开放。果近球形。

杏梅 *Prunus mume* 'Bungo'

- 🌿 蔷薇科李属
- 🌱 落叶小乔木
- ❀ 花期4月
- 🌰 果期6~7月

树冠广卵开张形。枝干红褐色。花极繁密；花梗中长；被丝托肿大，无香；花蕾深桃红色，卵圆球形；萼片5，平展至强反曲；花径3.5～5.0cm，花态浅碗型，重瓣3～4层，花瓣颜色内瓣淡粉，外瓣深粉；花心常退化。

美人梅 *Prunus mume* 'Meiren'

- 🌳 蔷薇科李属
- 🍃 落叶小乔木
- ❀ 花期3月中下旬至4月中旬
- 🍎 果期6~7月

树冠不正，开张卵形。叶片卵圆形，紫红色。花浅紫色至淡紫色，着花繁密，半重瓣或重瓣。

山樱花 *Prunus serrulata*

🌿 蔷薇科李属　　🐦 落叶乔木

❋ 花期4~5月　　⚘ 果期6~7月

也称樱花。高达17m。嫩枝光滑无毛，稀有微具毛。叶卵状椭圆形。总状花序，先叶开放，花瓣白色或粉红色。核果球形，黑色。

榆叶梅 *Prunus triloba*

- 🌳 蔷薇科李属
- 🌿 落叶灌木
- ❄ 花期4~5月
- 🌱 果期5~6月

高达3m。枝条开展，具多数短小枝，小枝灰色，一年生枝灰褐色。叶宽椭圆形至倒卵形。花先叶开放，粉红色。核果近球形，红色，有毛。

紫叶矮樱 *Prunus × cistena*

- 🌱 蔷薇科李属
- 🕊 落叶灌木
- ❄ 花期4~5月
- 🌰 果期6~7月

高达 2.5m。小枝和叶均紫红色。叶卵形至卵状长椭圆形，缘有不整齐细齿。花粉红色，花萼及花梗红棕色。果紫色。

枫杨 *Pterocarya stenoptera*

- 🌳 胡桃科枫杨属
- 🌱 落叶乔木
- ❀ 花期4~5月
- 🏵 果期8~9月

高达 30m。羽状复叶互生，小叶 10 ~ 16，长椭圆形，边缘有细齿。坚果具 2 长翅，成串下垂。

月季石榴 *Punica granatum* var. *nana*

- 🌳 石榴科石榴属
- 🌿 落叶灌木
- ❋ 花期6～7月
- 🌰 果期8～10月

也称花石榴。树冠常不整齐。小枝长四棱形，刺状，细密而柔软。叶椭圆状披针形，在长枝上对生、短枝上簇生。花萼硬，红色，肉质，开放之前呈葫芦状；花小，朱红色，重瓣，花期长。果较小，古铜色，挂果期长。

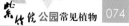

杜梨 *Pyrus betulifolia*

- 蔷薇科梨属
- 落叶乔木
- 花期4月
- 果期8~9月

高达 10m。枝常具刺。叶菱状卵形至长圆形。伞形总状花序，花瓣白色。果实近球形，褐色。

圆叶鼠李 *Rhamnus globosa*

- 鼠李科鼠李属
- 落叶灌木
- 花期4~5月
- 果期6~10月

　　高达 2m。小枝无毛。叶倒卵形或近圆形，两面有柔毛。核果球形或倒卵状球形，成熟时黑色。

迎红杜鹃 *Rhododendron mucronulatum*

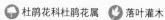

- 杜鹃花科杜鹃花属
- 落叶灌木
- 花期4～6月
- 果期5～7月

高1～2m。分枝多，生于山地灌丛。树皮灰褐色，小枝细长。叶散生，质薄，椭圆形至长圆形。花淡紫色，先叶开放。蒴果，圆柱形。

鸡麻 *Rhodotypos scandens*

- 🌳 蔷薇科鸡麻属
- 🌿 落叶灌木
- ❋ 花期4～5月
- 🌰 果期6～9月

高达3m。小枝紫褐色，嫩枝绿色，光滑。叶对生，卵状椭圆形。花瓣白色，倒卵形。核果4，亮黑色。

美丽茶藨子 *Ribes pulchellum*

- 虎耳草科茶藨子属
- 落叶灌木
- 花期5～6月
- 果期9～10月

高达 1.5m。幼枝疏生柔毛。叶广卵圆形，掌状 3 裂，有时 5 裂。花单性异株，浅绿黄色或淡红褐色，总状花序。浆果卵球形。

刺槐 *Robinia pseudoacacia*

- 🌿 豆科洋槐属
- 🕊 落叶乔木
- ❀ 花期4~5月
- 🌰 果期7~9月

也称洋槐。高达 25m。树皮灰褐色或黑褐色，纵裂。羽状复叶互生，小叶 7 ~ 19，椭圆形，全缘。花白色，芳香，成下垂总状花序。

野蔷薇 *Rosa multiflora*

蔷薇科蔷薇属 ❀ 落叶灌木

花期5~6月 果期8~9月

也称蔷薇。高达3m。枝细长，上升或攀缘状，皮刺常生于托叶下。羽状复叶，小叶5~9，倒卵状椭圆形。花白色，芳香，多朵密集成圆锥状伞房花序。果近球形，红褐色。

黄刺玫 *Rosa xanthina*

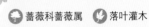

- 蔷薇科蔷薇属
- 落叶灌木
- 花期4~5月
- 果期7~8月

高达3m。小枝褐色或褐红色，具刺。奇数羽状复叶，小叶常7~13，近圆形或椭圆形。花黄色。果球形，红黄色。

桧柏 *Sabina chinensis*

- 🌲 柏科圆柏属
- 🕊 常绿乔木
- ❄ 花期4月
- 🌰 果翌年成熟

高达 20m。树皮深灰色或赤褐色，成窄条纵裂脱落。树冠圆锥形变广圆形。叶二型，刺叶生于幼树上，老树常全为鳞叶，壮龄树二者兼有。果近球形，有白粉。

旱柳 *Salix matsudana*

🌳 杨柳科柳属　　🕊 落叶乔木

❄ 花期4月　　🌸 果期5月

高达 20m。树冠广圆形。树皮粗糙，深裂，暗灰黑色。小枝黄色或绿色，光滑。叶披针形至狭披针形，上面绿色，下面灰白色。种子细小，具丝状毛。

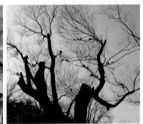

金丝垂柳 *Salix × aureo-pendula*

- 杨柳科柳属
- 落叶乔木
- 花期4~5月
- 果期5月

高达 25m。幼年树皮黄色或黄绿色。小枝亮黄色，细长下垂；生长季节枝条为黄绿色，落叶后至早春则为黄色，经霜冻后颜色尤为鲜艳。叶狭长披针形，背面发白。

金叶接骨木 *Sambucus racemosa* 'Plumosa Aurea'

🌳 忍冬科接骨木属　🍁 落叶灌木

❀ 花期5~6月　🌰 果期6~8月

高达 2.5m。新叶金黄色，老叶绿色。花成顶生的聚伞花序，白色和乳白色。浆果状核果，红色。

槐 *Sophora japonica*

- 🌳 豆科槐属
- 🍂 落叶乔木
- ❀ 花期7~8月
- 🌰 果期10月

也称国槐。高达25m。树皮灰黑色，浅裂。小枝绿色。奇数羽状复叶互生，小叶7~17，卵状椭圆形。花冠蝶形，黄白色，顶生圆锥花序。荚果在种子间缢缩成念珠状。

蝴蝶槐 *Sophora japonica* f. *oligophylla*

🌱 豆科槐属　　🌳 落叶乔木

❀ 花期6~8月　　🌰 果期9~11月

也称五叶槐。高达 25m。小叶 5 ~ 7，常簇集在一起，大小和形状均不整齐，有时 3 裂。花黄绿色。果绿色。

龙爪槐 *Sophora japonica* 'Pendula'

- 豆科槐属
- 落叶乔木
- 花期7~8月
- 果期8~10月

高达20m。树皮灰褐色，具纵裂纹。当年生枝绿色，无毛。叶纸质，卵状披针形或卵状长圆形。圆锥花序顶生，常呈金字塔形，花冠白色或淡黄色。荚果串珠状。

华北珍珠梅

Sorbaria kirilowii

- 🌳 蔷薇科珍珠梅属
- 🍃 落叶灌木
- ❄️ 花期5～7月
- 🍂 果期8～9月

也称珍珠梅。高达3m。枝无毛。奇数羽状复叶。小叶无柄，披针形。花小白色，花瓣近圆形或宽卵形，蕾时如珍珠，顶生圆锥花序。

三裂绣线菊 *Spiraea trilobata*

- 🌿 蔷薇科绣线菊属
- 🌳 落叶灌木
- ❋ 花期5~6月
- 🏵 果期7~8月

高 1 ~ 2m。小枝细瘦，开展。叶片近圆形。伞形花序，具花 15 ~ 30 朵；苞片线形或倒披针形，萼筒钟状；花瓣宽倒卵形；花柱顶生稍倾斜，具直立萼片。蓇葖果开张。

紫丁香 *Syringa oblata*

- 木犀科丁香属
- 落叶灌木
- 花期4月
- 果期7~8月

高达4m。幼枝粗壮无毛。单叶对生，叶阔卵形或肾形，先端渐尖，基部心脏形，无毛，宽大于长。疏散圆锥花序；花冠紫色，花芳香。蒴果，2裂，先端尖，光滑。

羽叶丁香 *Syringa pinnatifolia*

木犀科丁香属　落叶灌木

花期4~5月　果期7~8月

高达 1 ~ 3m。羽状复叶对生，小叶 7 ~ 11，卵形至卵状披针形，无柄。花白色带淡紫晕；圆锥花序侧生。

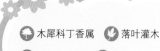

暴马丁香 *Syringa reticulata*

🌱 木犀科丁香属　　🍂 落叶小乔木

❇ 花期6月　　⛰ 果期8~9月

高达 6m。叶卵形至阔卵形，端渐尖，基部圆形或近心形。圆锥花序，常一对侧生，光滑；花白色，无香气；花冠管短；雄蕊伸出，长为花冠管的 2 倍。蒴果长圆形。

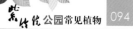

矮紫杉 *Taxus cuspidate* var. *nana*

- 红豆杉科红豆杉属
- 常绿灌木
- 花期5~6月
- 果期8~10月

多分枝而向上。叶螺旋状着生，呈不规则两列。种子坚果状，卵形或三角形卵形，微扁，赤褐色，外包假种皮红色，杯状；种子9～10月成熟。

糠椴 *Tilia mandshurica*

- 椴树科椴树属
- 落叶乔木
- 花期6~7月
- 果期8~9月

也称大叶椴。高达 20m。树皮灰白。幼枝及芽均具褐色绒毛。叶圆卵形，基部常心形。聚伞花序，下垂，花瓣黄色。果实球形，外被褐色绒毛。

 蒙椴 *Tilia mongolica*

- 🌳 椴树科椴树属
- 🍂 落叶乔木
- ❄ 花期6~7月
- 🌰 果期8~9月

也称小叶椴。高达 10m。树皮红褐色。小枝光滑，带红色。叶卵圆形或近圆形。聚伞花序，花瓣黄色。果实近圆形，长5～7mm，外面被绒毛。

榆树 *Ulmus pumila*

- 🌿 榆科榆属
- 🍂 落叶乔木
- ❄ 花期3月
- 🌰 果期4~5月

高达 25m。树皮暗灰色，粗糙，纵裂。小枝黄褐色，常被短柔毛。叶卵状长椭圆形，叶缘多为单锯齿。花先叶开放，多数为簇生的聚伞花序。翅果近圆形。

香荚蒾 *Viburnum farreri*

忍冬科荚蒾属 　落叶灌木

花期4~5月 　果期6~7月

高达3m。枝褐色，小枝疏生短柔毛。叶椭圆形，叶脉和叶柄略带红色。圆锥花序，花先叶开放；含苞待放时为粉红色，后为白色。核果椭球形，紫红色。

欧洲荚蒾 *Viburnum opulus*

- 🌰 忍冬科荚蒾属
- 🌿 落叶灌木
- ❄ 花期5~6月
- 🌱 果期9~10月

也称欧洲雪球。高 1.5 ~ 3m。树皮质薄常纵裂。当年生小枝有棱，无毛，2 年生小枝红褐色；老枝暗灰色。叶通常三裂。顶生伞房状聚伞花序，呈球形，冠径较小，花白色，花药黄色；花序全为不育花。

鸡树条荚蒾 *Viburnum sargentii*

- 忍冬科荚蒾属
- 落叶灌木
- 花期5~6月
- 果期8~9月

也称天目琼花。高达 3m。树皮暗灰色，具浅条裂。叶卵圆形，常 3 裂，缘有不规则大齿。聚伞花序组成复伞形花序，边缘具不育花，白色。核果近球形，红色。

荆条 *Vitex negundo* var. *heterophylla*

- 马鞭草科牡荆属
- 落叶灌木
- 花期6~8月
- 果期7~10月

也称条子、黄荆条。系黄荆变种。株高 1 ～ 2.5m。茎老枝圆柱形，幼枝四方形，直立，有分枝。圆锥花序，花萼钟状，花冠蓝紫色。核果，球形或倒卵形。

海仙花 *Weigela coraeensis*

- 🌳 忍冬科锦带花属
- 🍃 落叶灌木
- ❄ 花期5~7月
- ⛰ 果期9~10月

高达 3m。叶广椭圆形至倒卵形。花冠漏斗状钟形，初开时黄白色，后渐变紫红色；花无梗；数朵组成腋生聚伞花序。蒴果 2 瓣裂。种子有翅。

红王子锦带 *Weigela florida* 'Red Prince'

- 忍冬科锦带花属
- 落叶灌木
- 花期5~6月
- 果期8~9月

高达 2m。枝叶茂密。花鲜红色，繁密而下垂；花期长，在北京常两次（5月和7～8月）开花；花萼深裂。

 花叶锦带 *Weigela florida* 'Variegata'

🌳 忍冬科锦带花属　　🍃 落叶灌木

❄ 花期4～5月　　⛰ 果期9～10月

高达 1～3m。单叶对生，椭圆形或卵圆形，叶缘为白色至黄色。花1～4朵组成聚伞花序，生于叶腋及枝端；花冠钟形，紫红至淡粉色。蒴果柱形。

紫藤 *Wisteria sinensis*

- 🌱 豆科紫藤属
- 🕊 落叶木质藤本
- ❀ 花期4~5月
- 🍂 果期8~9月

枝灰褐色至暗灰色，多分枝。奇数羽状复叶，互生；叶卵状长圆形或卵状披针形。总状花序，侧生，下垂；花冠蓝紫色或深紫色。荚果扁，长条形。

紫竹院公园常见植物

草本植物

 铁苋菜 *Acalypha australis*

大戟科铁苋菜属　一年生草本

花期6～8月　果期8～10月

株高 20～40cm。茎直立，多分枝，有棱，具毛。叶卵状披针形、卵形、菱状卵形。花单性，雌雄同株，无花瓣，穗状花序。

 斑种草 *Bothriospermum chinense*

🌸 紫草科斑种草属　🌸 一年生草本

🌸 花期4~6月　🌸 果期6~8月

也称狼紫草。植株密被刚毛。茎高 20 ～ 40cm。茎自基部分枝，直立或斜升。基生叶及茎下部叶具长柄，匙形或倒披针形；茎中部及上部叶无柄，长圆形或狭长圆形，先端尖。花冠淡蓝色。

荠菜 *Capsella bursa-pastoris*

🌼 十字花科荠属　　🌸 一、二年生草本

🌺 🌼 花果期4～6月

也称粽子菜、菱角菜。株高 10～40cm。茎直立，单一或下部分枝。基生叶莲座状，羽状分裂；茎生叶狭披针形或披针形，基部筒形，抱茎。花白色。

乌蔹莓 *Cayratia japonica*

- 葡萄科乌蔹莓属
- 多年生藤本
- 花期6~7月
- 果期7~9月

　　也称五爪龙、五叶莓、地五加。茎带紫红色，有纵棱，具卷须，长1~6m。叶具长柄，复叶成鸟足状；小叶5，椭圆形至狭卵形。花小，黄绿色。

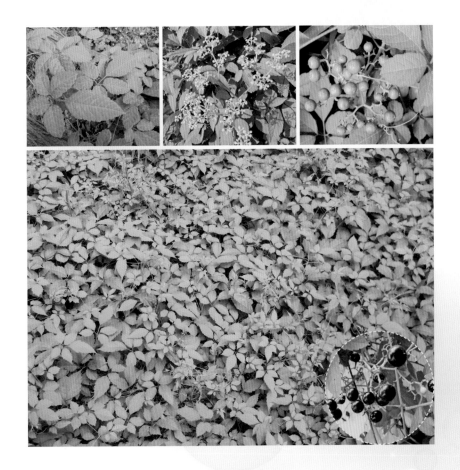

白屈菜 *Chelidonium majus*

- 罂粟科白屈菜属
- 多年生草本
- 花期5~7月
- 果期6~9月

也称山黄连、断肠草、牛金花。株高30~90cm。主根粗壮，圆锥形，土黄色或暗褐色。茎直立，多分枝，有白粉，疏生白色细长柔毛。伞形聚伞花序，花梗纤细，花瓣4，亮黄色，倒卵形，长约1cm，全缘。全株有毒。

鸭跖草 *Commelina communis*

- 鸭跖草科鸭跖草属
- 一年生草本
- 花果期6~10月

　　也称鸭脚草、蓝花草、竹叶菜。茎多分枝，基部枝匍匐而节上生根，上部枝上升。单叶，互生，披针形或卵状披针形；叶无柄或几无柄。花蓝色，两性。

鹅绒藤 *Cynanchum chinense*

- 🌸 萝藦科鹅绒藤属
- 🌸 多年生草本
- 🌸 花期6~8月
- 🌸 果期8~10月

也称白前、祖子花。茎被毛，细长缠绕，多分枝。叶对生，宽三角状心形，先端锐尖，基部心形，上面深绿色，下面灰绿色。花冠白色。

 马唐 *Digitaria sanguinalis*

🌿 禾本科马唐属　　🌸 一年生草本

🌼 花果期6~9月

秆高 40 ～ 140cm，直立或斜倚。叶线状披针形。总状花穗 3 ～ 10 枚，指状排列或下部近于轮生。

 # 蛇莓 *Duchesnea indica*

- 🌸 蔷薇科蛇莓属
- 🌼 多年生草本
- ❀ 花期4~7月
- 🍓 果期5~10月

也称蛇泡草、龙吐珠、三爪凤。匍匐茎长30~100cm。羽状复叶，具3小叶，小叶菱状卵圆形。花单生于叶腋，花瓣5，黄色。

鼠掌老鹳草 *Geranium sibiricum*

- 牻牛儿苗科老鹳草属
- 多年生草本
- 花期6~8月
- 果期7~10月

也称鼠掌草。株高 20 ~ 80cm。茎细长，被毛，自基部分枝，伏卧斜升。叶对生，基生叶和下部茎生叶有柄，上部的叶柄较短；叶宽肾状五角形，基部截形或宽心形。花冠淡紫红色。

 连钱草 *Glechoma longituba*

🌸 唇形科活血丹属　　🌸 多年生草本

🌸 花期5~7月　　🌸 果期7~9月

　　也称活血丹、金钱草。具匍匐茎，节上生根；茎四棱，基部通常紫红色。叶为心形、圆形或肾形，先端圆头。花冠淡蓝至紫色。

泥胡菜 *Hemistepta lyrata*

- 菊科泥胡菜属
- 二年生草本
- 花期 4～5 月
- 果期 6 月

也称猪兜菜、剪刀菜。株高 30～80cm。茎具纵棱，被毛，直立，有分枝。基部叶呈莲座状，具柄，倒披针形或倒披针状椭圆形，提琴状羽状分裂；中部叶椭圆形，羽状分裂；上部叶线状披针形至线形。花冠管状，紫红色。

玉簪 *Hosta plantaginea*

- 🌸 百合科玉簪属　　🌼 多年生草本
- ❀ 花期6~8月　　🔸 果期8~10月

根状茎粗壮。叶大，基生，无毛，具长柄，叶卵状心形、卵形或卵圆形。顶生总状花序；花白色，筒状漏斗形，有芳香。蒴果圆柱状，具三棱。

 黄菖蒲 *Iris pseudacorus*

- 🌸 鸢尾科鸢尾属
- 🌸 多年生草本
- 🌸 花期5~6月
- 🌸 果期6~8月

湿生或挺水宿根植物，植株高大，根茎短粗。叶子茂密，绿色，长剑形，长60~100cm。花茎稍高于叶，垂瓣上部长椭圆形，基部近等宽，旗瓣淡黄色，花径8cm。蒴果长形，内有种子多数。种子褐色，有棱角。

旋覆花 *Inula japonica*

菊科旋覆花属　多年生草本

花果期6~10月

也称百叶花、六月菊、金佛花。株高 20 ~ 70cm。茎被毛，直立，上部有分枝。叶基生渐狭或急狭或有半抱茎的小耳，椭圆形至长圆形。单生或数株丛生。头状花序较小，舌状花黄色。

苦菜 *Ixeris chinensis*

🌸 菊科苦荬菜属　🌸 多年生草本

🌸🌸 花果期4～8月

也称小苦菜、山苦菜。株高10～40cm，无毛。茎直立或斜升。基生叶莲座状，线状披针形或倒披针形；茎生叶1～2，与基生叶相似，无柄，基部微抱茎。舌状花20朵左右，黄色或白色。常成疏散小群落。

抱茎苦荬菜 *Ixeris sonchifolia*

菊科苦荬菜属　多年生草本

花果期4~8月

也称苦荬菜、苦碟。株高30~80cm。茎直立，上部多分枝。基部叶具短柄，倒长圆形；中部叶无柄；中下部叶线状披针形；上部叶卵状长圆形，基部变宽成耳形抱茎。头状花序组成伞房状圆锥花序；舌状花多数，黄色。

通泉草 *Mazus japonicus*

玄参科通泉草属　　一年生草本

花果期4～10月

也称野田菜。株高3～15cm，无毛或疏生短毛。茎常基部分枝。基生叶有时成莲座状或早落，倒卵状匙形至卵状倒披针形；茎生叶对生或互生。花冠淡紫色或蓝色。

天蓝苜蓿 *Medicago lupulina*

- 豆科苜蓿属
- 一、二年生草本
- 花期7～9月
- 果期8～10月

也称黑荚苜蓿、米粒苜蓿。株高 10～40cm。茎细弱，被疏毛。羽状复叶；小叶 3 枚，宽倒卵形至菱状倒卵形。花冠黄色。常成小群落。

萝藦 *Metaplexis japonica*

- 萝藦科萝藦属
- 多年生藤本
- 花期6~8月
- 果期7~10月

也称老鸹瓢、羊婆奶、羊角菜。茎长1~2m，圆柱形，缠绕他物上升，下部木质化，上部较韧。叶对生，宽卵形至长卵形，基部心形。花冠钟状，白色带淡紫色红斑纹；花浓香。根、茎有毒。

莲　*Nelumbo nucifera*

睡莲科莲属　多年生水生草本
花期6～9月　果期7月中旬至9月

也称荷花、莲花、水芙蓉、藕花、芙蕖、水芝、水华、泽芝、中国莲。地下茎长而肥厚，有长节。叶盾圆形。花单生于花梗顶端，花瓣多数，嵌生在花托穴内，有红、粉红、白、紫等色，或有彩纹、镶边。坚果椭圆形。种子卵形。

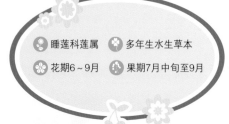

 # 睡莲 *Nymphaea* spp.

- 🌸 睡莲科睡莲属
- 🌼 多年生水生草本
- 🌺 花期6~8月
- 🌿 果期7~9月

　　根状茎肥厚。叶纸质，近圆形，基部具深弯缺，裂片尖锐，近平行或开展，全缘或波状，两面无毛，有小点；叶柄细长。花瓣白色、蓝色、黄色或粉红色，卵状矩圆形。浆果球形。种子椭圆形，黑色。

荇菜 *Nymphoides peltatum*

- 龙胆科荇菜属
- 多年生水生草本
- 花期6~9月
- 果期9~10月

也称金莲子、水荷叶。茎圆柱形，多分枝，沉水中，具不定根。叶漂浮，圆形，深心脏形；上部叶对生，其他叶互生。花冠辐形，黄色。

求米草 *Oplismenus undulatifolius*

禾本科求米草属　一年生草本

花果期7～10月

也称球米草。秆细弱，基部横卧，向上斜升。花序以下有毛或无毛。叶片披针形，通常皱而不平。复总状花序，小穗簇生，在顶部成对着生。常成小群落。

诸葛菜 *Orychophragmus violaceus*

- 十字花科诸葛菜属
- 一、二年生草本
- 花期4~5月
- 果期6~7月

也称二月蓝、菜籽花。株高20~80cm。茎单一，直立，基部或上部稍有分枝。叶形变化大，基生叶和下部茎生叶大头羽状分裂；上部茎生叶抱茎。花紫色或白色，花萼筒状，紫色。

酢浆草 *Oxalis corniculata*

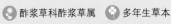

- 酢浆草科酢浆草属
- 多年生草本
- 花期5~9月
- 果期6~10月

也称酸梅草、三叶酸。茎长10~50cm，柔弱细长；被毛；常匍匐平卧或斜升，有节，着地生根；丛生。三出掌状复叶，互生；小叶倒宽心形，基部宽楔形。花黄色。

鸡矢藤 *Paederia scandens*

- 🌼 茜草科鸡矢藤属
- 🌸 多年生草质藤本
- 🌺 花期6~7月
- 🍑 果期9~10月

也称牛皮冻。茎长2~4m，多分枝。叶对生，宽卵形至披针形，基部宽楔形、圆形至浅心形，两面无毛或下面稍被短柔毛。花紫色。全株有特殊臭味。

芍药 *Paeonia lactiflora*

- 毛茛科芍药属
- 多年生草本
- 花期5~6月
- 果期8~9月

块根，肉质，粗壮，呈纺锤形或长柱形。芍药花瓣呈倒卵形，花盘为浅杯状；园艺品种花色丰富，有白、粉、红色等，花径 10 ~ 30cm。果实呈纺锤形。种子呈圆形、长圆形或尖圆形。

圆叶牵牛 *Pharbitis purpurea*

- 🌼 旋花科牵牛花属
- 🌼 一年生草本
- 🌼 花期6~9月
- 🌼 果期9~10月

植株被毛。茎缠绕。叶心形，全缘。花冠漏斗状，紫红色或粉红色，花冠筒近白色。全株有毒。

 # 芦苇 *Phragmites australis*

- 禾本科芦苇属
- 多年生草本
- 花果期7～11月

根状茎十分发达。秆高1～3m，直径1～4cm。叶片长15～45cm。圆锥花序大型，顶生，着生稠密下垂的小穗，疏散；小穗通常含4～7朵花。颖果。

 半夏 *Pinellia ternate*

- 天南星科半夏属
- 多年生草本
- 花期5~7月
- 果期8~9月

也称老鸦芋头。株高15~30cm。块茎圆球形，直径1~2cm，具须根。叶1~5枚，幼苗叶卵状心形至戟形，全缘单叶；老株叶3全裂，长圆状椭圆形或披针形。全株有毒。

平车前 *Plantago depressa*

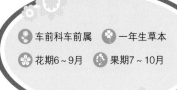

- 车前科车前属
- 一年生草本
- 花期6~9月
- 果期7~10月

也称小车前、车前菜。具主根。叶基生，长卵状披针形，叶斜升或平铺。穗状花序，直立；花冠裂片4，卵形或三角形。

 长鬃蓼 *Polygonum longisetum*

蓼科蓼属　一年生草本

花果期8~11月

株高 20 ~ 50cm，茎斜生或直立，有分枝。叶常为披针形，先端渐尖，基部楔形，全缘，两面常具白色小点。花稀疏，下部间断；花被 5 深裂，粉红或白色。

匍枝委陵菜 *Potentilla flagellaris*

🌸 蔷薇科委陵菜属　　🌼 多年生草本

🌸 花期5~7月　　🌼 果期7~9月

　　也称蔓委陵菜。茎长20~50cm，细弱匍匐，节部生根。根茎粗壮。茎、叶、叶柄和花序幼时密生长柔毛，后渐脱落。基生叶掌状复叶，小叶5，稀为3。花瓣5，黄色。

朝天委陵菜 *Potentilla supina*

薔薇科委陵菜属　一、二年生草本

花果期5~9月

也称老鹳筋、铺地委陵菜。株高 10 ~ 50cm。茎多分枝，平铺或斜升。基生叶羽状复叶，小叶 7 ~ 13，宽倒卵形或长圆形，先端圆钝；茎生叶与基生叶相似。花瓣黄色。

茴茴蒜 *Ranunculus chinensis*

- 毛茛科毛茛属
- 多年生草本
- 花果期5~9月

也称蝎虎草、水胡椒。株高15~50cm，全株被黄毛。茎粗壮，直立，有分枝。三出复叶，基生叶及茎下部叶叶柄长12cm；叶片宽卵形至三角形。花瓣5，黄色。

 毛茛 *Ranunculus japonicus*

毛茛科毛茛属　多年生草本
花期5~8月　果期6~9月

　　也称老虎脚爪草、起泡草、烂肺草。株高 30 ~ 70cm。茎细长具毛，基生叶和茎下部叶具长柄。叶片圆心形或五角形，基部心形。花瓣5，亮黄色，倒卵形。全株大毒。

 地黄 *Rehmannia glutinosa*

玄参科地黄属　多年生草本
花期4~6月　果期6~8月

也称酒壶花、野生地。株高 10 ~ 30cm，被毛。茎单一或基部分生数枝，紫红色，茎上少叶。叶通常基生，倒卵形至长椭圆形；叶面有皱纹，上面绿色，下面通常淡紫色，被白色长柔毛。

蔊菜 *Rorippa indica*

十字花科蔊菜属 · 一年生草本

花果期6~9月

也称印度蔊菜、野油菜。株高 15 ~ 40cm。茎具纵沟棱，粗壮，直立，有分枝。基生叶和茎下部叶有柄，大头羽状分裂；上部叶长圆形，无毛。花黄色。

 繁缕 *Stellaria media*

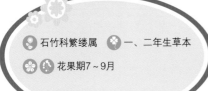

石竹科繁缕属　　一、二年生草本

花果期7~9月

也称乱眼子草。株高 10 ~ 30cm。茎柔弱，多分枝，平卧斜升。叶片宽卵形或卵形，先端急尖，基部圆形或宽楔形。花瓣5，白色。有毒。

蒲公英 *Taraxacum mongolicum*

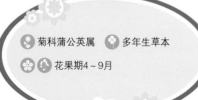

菊科蒲公英属　　多年生草本

花果期4~9月

也称婆婆丁、黄花地丁。无地上茎，自丛生叶基心陆续抽出数条长 10 ～ 25cm 的花莛。叶长圆状倒披针形或披针形，逆向羽状分裂。花舌状，黄色。

 附地菜 *Trigonotis peduncularis*

- 紫草科附地菜属
- 一年生草本
- 花期5~6月
- 果期7~8月

　　也称伏地菜、鸡肠草、地胡椒。株高5~20cm。全株被茸毛，茎细弱，常自基部分枝，直立或斜升。基生叶倒卵状椭圆形或匙形；茎上部叶椭圆状披针形。花冠蓝色，喉部黄色。

 香蒲 *Typha orientalis*

- 🌸 香蒲科香蒲属
- ✿ 多年生草本
- 🌼 花期5~6月
- 🌿 果期7~8月

水生或沼生。茎直立，丛生。叶片条形，叶鞘抱茎。雌雄花序紧密连接。果皮具长形褐色斑点。种子褐色棒状。

婆婆纳 *Veronica didyma*

- 玄参科婆婆纳属
- 一年生草本
- 花果期3~5月

　　株高 10 ~ 20cm。植株有短柔毛。茎自基部分枝，下部伏生地面。叶在茎下部对生，上部互生，卵圆形或近圆形。花小，柄短，有淡紫、浅蓝、粉白等色。

大花野豌豆 *Vicia bungei*

- 豆科野豌豆属
- 草质藤本
- 花期5~8月
- 果期6~9月

也称三齿萼野豌豆、薇(《诗经》)。茎四棱，细弱，多分枝，常匍匐，少攀缘。偶数羽状复叶。花紫红色。常成小群落。

早开堇菜 *Viola prionantha*

- 🌸 堇菜科堇菜属
- 🌼 多年生草本
- 🌸 🍂 花果期4~8月

也称早开地丁。无地上茎。叶片长圆状卵形或卵形。花梗在花期超出叶，果期常比叶短。花瓣5，紫堇色或淡紫色。常成小群落。

紫花地丁 *Viola yedoensis*

- 🌼 堇菜科堇菜属
- 🌸 多年生草本
- 🌺 花果期4月中旬至8月

也称光瓣堇菜、兔耳草。株高 4 ~ 15cm。无地上茎。叶为长圆形或长圆披针形，花瓣 5，紫堇色或淡紫色。果期叶大，基部常呈微心形。

黄鹌菜 *Youngia japonica*

菊科黄鹌菜属　　一年生草本

花果期4～9月

也称山芥菜、天葛菜。株高 20～80cm。茎直立，常紫色，自基部抽出 1 至数分枝。基生叶丛生，倒披针形。花舌状，黄色。

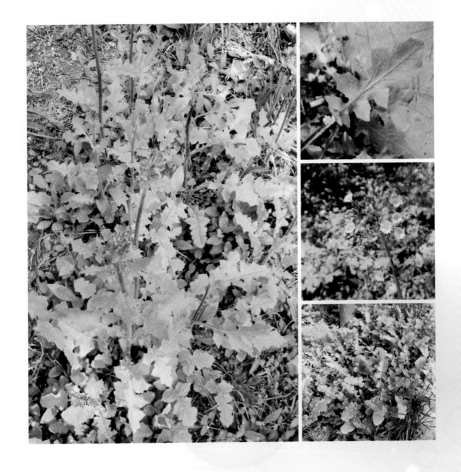

紫竹院公园常见植物

竹类植物

小琴丝竹 *Bambusa multiplex f. alphonso-karri*

- 禾本科簕竹属
- 丛生型
- 笋期6~9月

秆高2~5m，秆径1~2cm。秆和枝节间黄色，具宽窄不等的绿色纵条纹；新鲜秆箨淡绿色，有黄白色纵条纹。

 凤尾竹 *Bambusa multiplex f. fernleaf*

秆高 1～2m。秆密丛生，矮细但空心。小枝弯曲下垂，宛如凤尾。叶细纤柔。

- 禾本科箣竹属
- 丛生型
- 笋期6～9月

大佛肚竹 *Bambusa vulgaris f. waminii*

- 禾本科簕竹属
- 丛生型
- 笋期6~9月

　　秆绿色或有时为淡黄绿色，下部各节间极度短缩，并在各节间基部大幅肿胀。

巴山木竹 *Bashania fargesii*

- 禾本科巴山木竹属
- 混生型
- 笋期4月下旬至5月底

秆高2～8m，秆径2～3cm。节间长35～50cm。秆圆筒形，在具分枝一侧稍扁平，幼时被白粉。箨鞘迟落，稍短于节间。地下茎复轴型。紫竹院公园1987年引种。

箭竹 *Fargesia sp.*

禾本科箭竹属　　混生型

笋期6~8月

秆高 1.5～2.5m，秆径 0.5～1cm。节间 10～20cm。圆筒形。箨鞘宿存或迟落，稍短或近等长至长于节间。叶柄扁平，叶片披针形革质，极少开花。紫竹院公园 1994 年由山西悬中寺引种。

白纹阴阳竹 *Hibanobambusa tranpuillans f. shiroshima*

禾本科阴阳竹属　混生型

笋期5月

秆高 1.5 ～ 2m。叶片绿色有白色纵条纹。秆、枝也呈现少数白色纵条纹。通常一年生竹的叶片白色纵条纹多；多年生竹叶片呈绿色的多。紫竹院公园 2004 年引种。

粽巴箬竹 *Indocalamus herklotsii*

禾本科箬竹属　混生型

笋期5月

秆高达2m，秆径5~6mm。节间无毛，近实心；秆环稍隆起。箨鞘基底具长刺毛，边缘密生纤毛。紫竹院公园1991年引种。

 善变箬竹 *Indocalamus varius*

禾本科箬竹属　混生型

笋期4~5月

　　秆高0.8～1m，秆径0.5～1cm。叶片深绿色。在紫竹院公园栽培应用40多年。此竹种长势好、病虫害少，冬季在背风向阳的小环境中可安全越冬。

罗汉竹 *Phyllostachys aurea*

禾本科刚竹属　散生型

笋期5月

也称人面竹。秆高 3 ～ 10m，秆径 2 ～ 5cm。节间长 13 ～ 30cm，基部或有时中部节间极度短缩，缢缩或肿胀，或其节交互倾斜，中下部正常节间的上端也常明显膨大。秆环隆起与箨环等高或稍高。紫竹院公园 1991 年引种。

 # 黄槽竹 *Phyllostachys aureosulcata*

🔵 禾本科刚竹属　🔵 散生型

🔵 笋期4月中旬至5月上旬

秆高3～9m，秆径2～4cm。节间长达39cm。秆绿色或黄绿色而纵槽为黄色，在小径竹的基部有2～3节常呈"之"字形曲折；秆环高于箨环。紫竹院公园1971年引种。

黄秆京竹 *Phyllostachys aureosulcata* f. *aureocaulis*

- 禾本科刚竹属
- 散生型
- 笋期4月中旬至5月上旬

秆高3～5m，秆径1～2cm。秆节间全为黄色，或仅基部的1、2节间上有绿色纵条纹。叶片有时也有淡黄色条纹。紫竹院公园1994年引种。

金镶玉竹 *Phyllostachys aureosulcata f. spectabilis*

- 禾本科刚竹属
- 散生型
- 笋期4月中旬至5月上旬

秆高3～9m，秆径2～4cm。竹秆金黄色，纵槽为绿色。秆环与箨环均微隆起，节下有白粉环。紫竹院公园1971年引种。

斑槽桂竹 *Phyllostachys bambusoides* f. *duihuazhu*

也称对花竹。秆高 3 ~ 8m，秆径 2 ~ 3cm。秆绿色，无毛，无白粉。紫竹院公园 2010 年引种。

- 禾本科刚竹属
- 散生型
- 笋期5月

斑竹 *Phyllostachys bambusoides f. lacrima-deae*

- 禾本科刚竹属　　散生型
- 笋期5月下旬至7月

秆高 6 ～ 12m，秆径 2 ～ 10cm，节间可长达 40cm。秆节间有紫褐色或淡褐色斑点，秆环稍高于箨环。紫竹院公园 1985 年引种。

白哺鸡竹 *Phyllostachys dulcis*

禾本科刚竹属 ✦ 散生型

笋期4月中下旬

也称象牙竹。秆高 3 ~ 8m，秆径 2 ~ 5m。秆幼时被薄白粉，老秆灰绿色，常具淡黄色或橙红色的细条纹和斑块。笋上的箨鞘呈黄白色，整个笋似大象的牙齿，故名象牙竹。秆环高于箨环。紫竹院公园 1993 年引种。

 # 花哺鸡竹 *Phyllostachys glabrata*

- 禾本科刚竹属 ● 散生型
- 笋期4月中下旬

秆高 3～7m，秆径 2～4cm。秆幼时深绿色，略粗糙，老秆灰绿色。秆环较平或稍隆起而与箨环等高。紫竹院公园 2010 年引种。

筠竹 *Phyllostachys glauca f. yunzhu*

- 禾本科刚竹属
- 散生型
- 笋期4月中旬至5月

秆高5～12m，秆径可达2～5cm。节间可长达40cm。秆初为绿色，然后渐次出现紫褐色斑点或斑纹（外深内浅）。当年生竹即显斑，随竹龄增长，斑色变浓，斑点增多。秆环和箨环等高。紫竹院公园1985年引种。

紫竹 *Phyllostachys nigra*

🎋 禾本科刚竹属　✿ 散生型

🌱 笋期4月下旬

也称黑竹。秆高 2～6m，秆径 1～3cm。新秆淡绿色，幼时被白粉及细柔毛，一年生以后逐渐出现紫斑，最后变为紫黑色，无毛。秆环与箨环均隆起，且秆环高于箨环或两环等高。紫竹院公园 1971 年引种。

早园竹 *Phyllostachys propinqua*

- 禾本科刚竹属
- 散生型
- 笋期5月上旬至6月

秆高 6 ~ 12m，秆径 2 ~ 6cm。中部节间长约 20cm。新秆绿色，被白粉，秆环稍隆起与箨环等高。出笋持续时间较长。

黄秆乌哺鸡竹

Phyllostachys vivax f. *aureocaulis*

秆高 5 ～ 15m，秆径 4 ～ 8cm。秆节间黄色，在秆中下部以下几个节间具 1 或数条绿色纵条纹。紫竹院公园 2004 年引种。

- 禾本科刚竹属　散生型
- 笋期4月下旬至5月

黄纹竹 *Phyllostachys vivax f. huanwenzhu*

- 禾本科刚竹属　　散生型
- 笋期4~5月

秆高达 5 ~ 15m，秆径达 3 ~ 8cm。节间分枝一侧沟槽具黄色纵条纹。秆环隆起，稍高于箨环。能耐 -29℃ 低温。紫竹院公园 2010 年引种。

狭叶青苦竹 *Pleioblastus chino* var. *hisauchii*

- 禾本科苦竹属
- 混生型
- 笋期5月中旬至6月中旬

秆高 1.5 ～ 3m，秆径 0.5 ～ 1cm。节间长 20 ～ 22cm。秆壁厚或近于实心。箨鞘宿存或迟落，薄纸质，背面被白粉。叶片线状披针形。紫竹院公园 1991 年引种。

大明竹 *Pleioblastus gramineus*

- 禾本科苦竹属
- 混生型
- 笋期5月下旬

秆高 3 ~ 7m，秆径 1 ~ 3cm。因顶芽出土成竹的多于延伸成鞭的，故秆常丛生。秆圆筒形，在具分枝一侧基部具沟槽，幼时节下方具一圈白粉。秆环隆起。箨环宿存。紫竹院公园 2004 年引种。

黄条金刚竹 *Pleioblastus kongosanensis f. aureostriatus*

🌿 禾本科苦竹属　　🎋 混生型

🎍 笋期4月底至5月中旬

秆高 1.5 ~ 2m，秆径 4 ~ 6mm。节间长 20 ~ 25cm，中空。秆环稍隆起，箨环紫色，无毛。箨鞘宿存。新叶绿色，至夏季逐渐出现黄色纵条纹。紫竹院公园 2004 年引种。

矢竹 *Pseudosasa japonica*

禾本科茶秆竹属　　混生型

笋期6月

秆高 1 ～ 3m，秆径 0.5 ～ 1.5cm。节间长 15 ～ 30cm，圆筒形，无毛，节下有一圈白粉。秆环较平坦。箨鞘宿存，稍长于节间。紫竹院公园 2004 年引种。

铺地竹 *Sasa argenteostriata*

禾本科赤竹属　混生型

笋期5月

也称爬地竹。秆高 0.3 ～ 0.5m，秆径 2 ～ 3.5mm。节间长 5 ～ 10cm，绿色，无毛，节下被白粉一圈。箨鞘宿存，初为绿色。叶片卵状披针形，绿色，偶具黄色或白色纵条纹。紫竹院公园 1991 年引种。

菲黄竹 *Sasa auricoma*

- 禾本科赤竹属
- 混生型
- 笋期4月

秆高 0.3 ～ 0.5m，秆径约 2mm。节间长 10 ～ 15cm，绿色，无毛，平滑，节下被白粉一圈，中空。箨环隆起，深紫色，无毛；秆环稍隆起。叶片披针形，幼时淡黄色有深绿色纵纹，至夏季时全部变为绿色。紫竹院公园 1991 年引种。

菲白竹 *Sasa fortunei*

- 禾本科赤竹属
- 混生型
- 笋期5月

秆高 0.3 ～ 0.8m，秆径 3 ～ 4mm。节间圆筒形，上部被灰白色细毛，节下方较密，并具一圈白粉，中空；箨鞘宿存，长约为节间的1/2。叶片上有白色纵条纹。紫竹院公园 1991 年引种。

翠竹 *Sasa pygmaea*

禾本科赤竹属　混生型

笋期4～5月

秆高 0.2 ～ 0.6m，秆径 1 ～ 2mm。节间无毛，节处密被毛。秆环平或稍隆起。叶片线状披针形，密生，二行排列。紫竹院公园 1991 年引种。

 # 白纹椎谷笹 *Sasaella glabra f. albostriata*

- 禾本科东笹竹属 混生型
- 笋期4~5月

秆高0.3～0.8m，秆径0.2～0.25cm。节间长5～15cm。枝条在秆每节上1枚。叶片披针形，绿色，具白色纵条纹。紫竹院公园2010年引种。

鹅毛竹 *Shibataea chinensis*

禾本科倭竹属　混生型

笋期4~6月

秆高达 0.6 ~ 1m，秆径 2 ~ 3mm。节间长 7 ~ 15cm。秆环隆起。枝条在秆每节上 3 枚，节上不再次级分枝。因叶片卵状披针形，形似鹅毛而得名。紫竹院公园 1991 年引种。

参考文献
R e f e r e n c e

贺士元,邢其华,等.北京植物志[M].北京:北京出版社,1992.

张天麟.园林树木 1600 种[M].北京:中国建筑工业出版社,2010.

史军义,易同培,马丽莎,等.中国观赏竹[M].北京:科学出版社,2011.

易同培,史军义,马丽莎,等.中国竹类图志[M].北京:科学出版社,2008.

舒志钢.城市野花草[M].北京:机械工业出版社,2013.

许联瑛.北京梅花[M].北京:科学出版社,2015.

中文名索引

（页码字体加粗的中文名是正名，其他为异名）